牟艾莉 / 著
天空塔工作室　楊蕾玉 / 繪

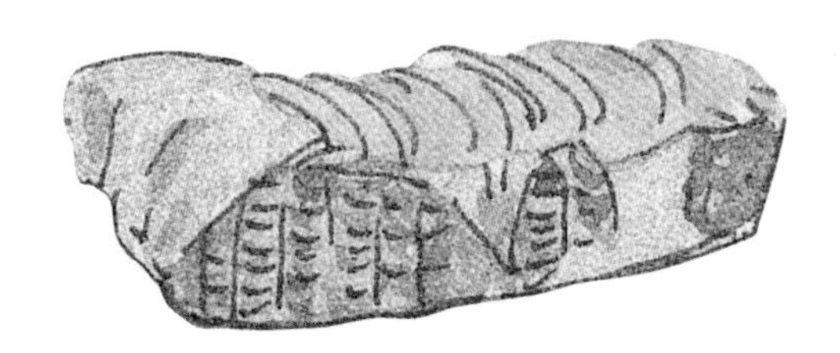

中 華 教 育

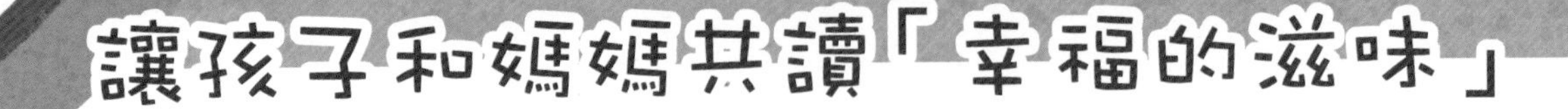

「開飯囉！」每天清晨，這句話就像一個温馨的鬧鐘一樣，讓我和家人迅速聚集到餐桌前。我想這也是很多家庭清晨的一幕吧。其實，在我成為母親之前，我並沒有真正關心過食物。那時的我忙着教學工作和科研事務，是一個不折不扣的「效率派」、「實幹家」。別說烹飪了，我甚至常常忙到連早飯都顧不上吃。

一切的改變發生在我懷孕之時。從那一刻開始，飲食突然成為我生活中每天要關心的事情。我再也不能飢一頓飽一頓，再也不能隨意用垃圾食品填充肚子，我開始認真對待每一餐飲食。也就是從那一刻起，我不得不「慢」了下來，我像發現一個神奇新世界一樣，看見了曾被我忽略的中國美食中那麼多有趣有料的地方。

我寫了六種食物：春餅、柿餅、八寶粥、月餅、糍粑和揚州炒飯。為甚麼會選擇這六種食物呢？

首先，當然因為它們好吃呀！這六種食物囊括了甜鹹酥糯等豐富的口味，你是不是在唸出這些食物名字的時候，就已經快要流口水了？

其次，這些食物來自東西南北，中國的地大物博真的可以濃縮在一道道菜餚之中，舌尖上的中國是精微又宏大的。

最後，也是最重要的，我想借由這些食物去給孩子們講述那些瑰麗的幻想，動情的故事和人生的哲理。《天上掉下鍋八寶粥》教孩子合作互信，《幸福的柿餅》讓孩子學會耐心等待，《月餅少俠》讓孩子變得勇敢，學會堅持，《小偷春餅店》讓孩子懂得勤勞踏實的重要，《打糍粑的大將軍》教孩子如何激發自己的潛能，《變變變！揚州炒飯》讓孩子知道每個人都是不同的。我們要知道，孩子們或許年齡太小，還不能成為廚房裏的廚師，可是他們想像力巨大，他們是天生的故事世界裏的「廚師」呀。媽媽廚師烹飪好吃的食物給孩子，而孩子廚師「烹飪」好聽的故事給媽媽，這是多麼驚喜又浪漫的事呀。

如果您的孩子是一個「小吃貨」，那麼請鼓勵他對美食的熱愛，讓他不僅愛吃，也愛編織美食的故事吧。

如果您的孩子是一個「挑食的小傢伙」，那麼用這套繪本去消除他對食物的偏心吧。

如果您的孩子是一個愛吃美食又愛編故事的小傢伙，那麼，他一定是一個充滿幸福感的孩子。

我希望這套關於中國味道的小書能夠讓孩子和媽媽品嚐到幸福的滋味。小小的美食和小小的繪本，裏頭有大大的世界呢，趕快打開它們吧！

作者 牟艾莉

戲劇文學博士、四川美術學院副教授

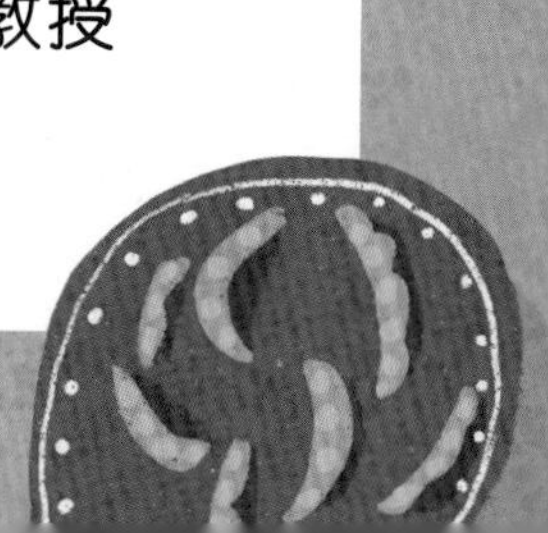

京城有一個小偷「天團」，小偷「天團」的成員是兄弟三人。

茶
茶

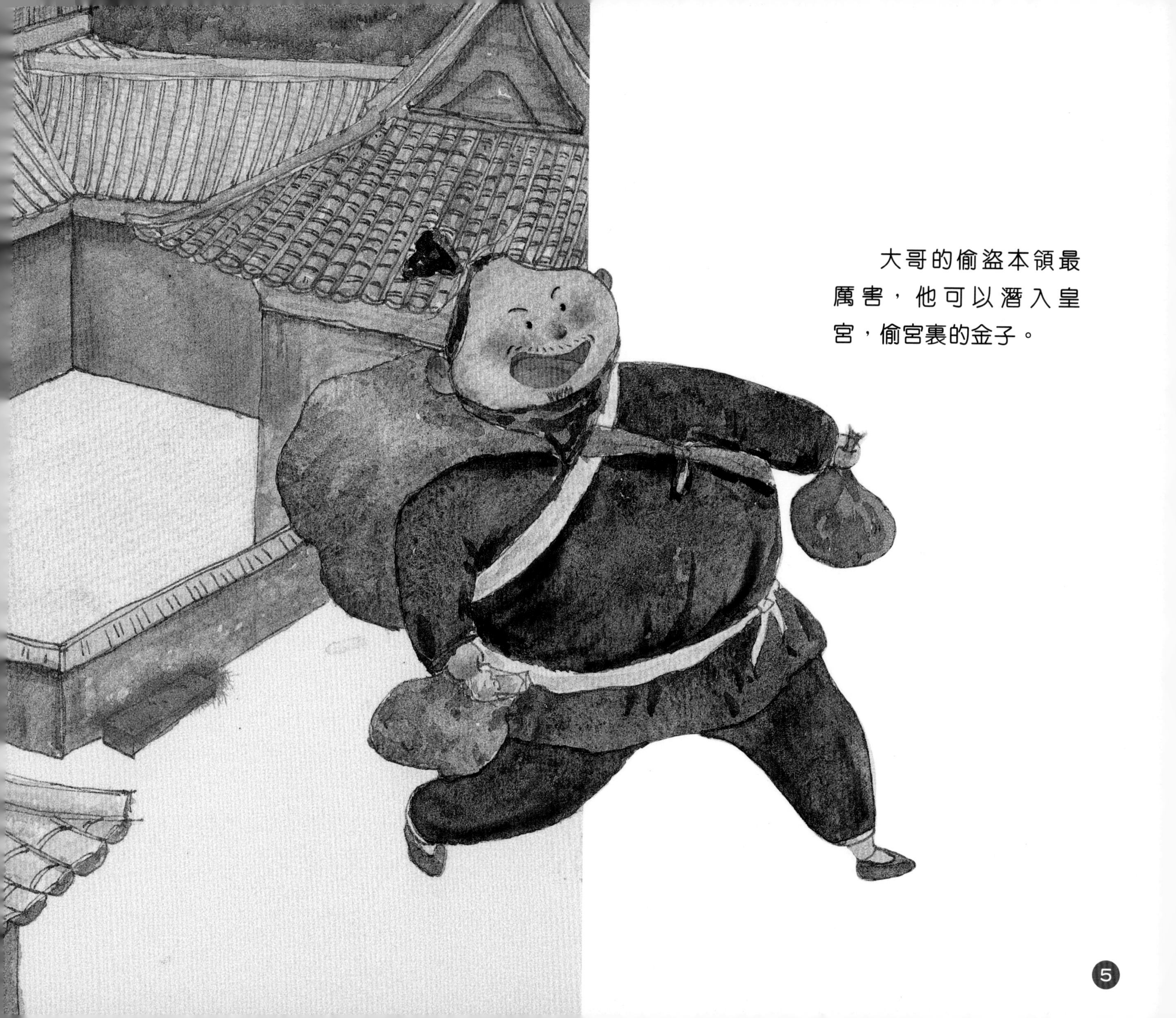

大哥的偷盜本領最厲害，他可以潛入皇宮，偷宮裏的金子。

大哥每次偷了金子，都會吃一碟香葱炒肉絲犒勞自己。

二哥的偷盜本領也不錯，
他可以潛入達官顯貴的府邸，
偷府中的銀子。

　　二哥每次偷了銀子，都會吃一碟炒紅蘿蔔絲、一碟炒馬鈴薯和一碟炒豆芽犒勞自己。

只有小弟的偷盜本領最差勁，他只能潛入老百姓的家裏，偷點零散的銅錢。

甜香酸辣味味俱全
香蔥炒肉
東坡肉
梅菜扣肉
炒馬鈴薯
炒豆芽
油燜春筍
炒紅蘿蔔
涼拌黃瓜
燒豆腐
燒餅

　　小弟每次偷了銅錢，都會吃一塊薄餅犒勞自己。

一天夜裏，小弟潛入一家餅店，想偷點銅錢。正要溜走的時候卻被老闆娘撞了個正着。小弟嚇得瑟瑟發抖，要是老闆娘把他交到官府，他可是要坐牢的呀。

可沒想到，老闆娘不但沒有揭發他，反而裝作沒看出他是小偷似的，好心地拿出幾塊剛蒸好的薄餅遞給他，說道：「大半夜的，你一定又冷又餓，這幾塊薄餅拿去吃吧！」

小弟走出餅店，這時，天上下起雪來。

小弟看了看手中的薄餅，「還熱呼呼的呢！」他自言自語道。接着，他咬了一口，那一刻，他的心彷彿被甚麼擊中了。他從來沒吃過這麼好吃的薄餅。

布坊
餅
招

第二天早上，小弟又來到這家餅店門口，他遠遠地躲在大樹後，看見老闆娘正在張貼告示要招夥計呢。

小弟想起昨天晚上老闆娘沒有揭發他，還送他薄餅吃，心想：「如果能在這店裏當夥計也不錯呀！還好昨天偷東西的時候是蒙着臉的，老闆娘也不會認出我來。」

從此，小弟便在這家餅店裏當起了夥計。
他每天勤奮認真地跟着老闆娘學習揉麪、做餅的手藝。

❶ 麪粉加熱水攪拌。

❷ 揉成麪團，麪團揉好後，蓋上蓋子靜置一刻鐘（15 分鐘）。

❸ 揉麪板上撒適量麪粉，將麪團揉成長條。

❹ 把長條狀的麪團切成大小相等的小塊。

❺ 取兩個小塊按扁，一面刷油。

❻ 將兩個按扁的小塊疊在一起。

❼ 將疊在一起的兩個小塊擀成薄餅。

❽ 把擀好的薄餅一層層刷油疊好，冷水下鍋蒸熟。

不過，每天晚上，當兄弟三人各自掏出當小偷的成果時，小弟只能掏出一點可憐的工錢，而且他還得瞞着哥哥們，說這些錢是自己偷來的。

看着小弟每天上交的都是固定不變的幾枚銅錢，大哥和二哥忍不住抱怨道：「唉，我們家的笨小弟，他的本領可一點兒都沒長進啊！」

於是，一日，大哥和二哥便偷偷跟蹤小弟，想看看小弟到底怎樣偷東西。

不料，卻發現小弟根本沒有去偷東西，而是在一家餅店裏，揉麪、擀麪、蒸餅。

這可把大哥二哥氣壞了。

大哥衝進店裏，對老闆娘說：「這個夥計是個小偷！你可不能僱用他。」

二哥緊跟其後，說道：「他還偷過您的餅店呢！只不過小偷都蒙着臉，您沒認出來罷了。」

沒想到老闆娘卻哈哈大笑：「我不管他以前做過甚麼，現在他可是我店裏最勤快的夥計。別看他現在是你們三個當中最窮的，可是十年後，他一定是你們三個當中最有錢的。」

「哼，這怎麼可能？」大哥二哥一臉不相信。

老闆娘說：「不信，我們可以打賭。因為他『偷』了一件最寶貴的東西。」

大哥二哥問：「甚麼東西？」

老闆娘笑而不語。

時光如梭，一轉眼，十年過去了。

大哥在一次潛入皇宮偷竊時，不慎被侍衛發現，在逃避追捕的過程中，他從屋頂跌下來，摔瘸了腿。

二哥在一次潛入相府偷竊時，不慎被官兵發現，在逃避追捕的過程中，他打翻燭台引起火災，燒傷了手。

從此以後，大哥和二哥再也無法以偷盜為生。

新菜品
春餅
馬鈴薯卷
豆芽卷
紅蘿蔔卷
肉絲卷
炒雞蛋卷
黃瓜卷
韭菜卷
烤薄餅
小
偷
餅

而此時，小弟已經繼承了老闆娘的餅店，取名「小偷春餅店」。

小偷春餅店的生意好得不得了。這是因為小弟不僅有蒸餅的好手藝，而且還獨創了新菜式——春餅。人們紛紛前來品嚐，凡是嚐過春餅的人，無不讚歎它的美味。

一日，店裏來了兩位奇怪的客人：一個拄着拐杖，一個戴着手套。他們就是當年的神偷大哥和二哥呀！

小弟將一碟春餅端了上來：薄薄的麪皮包裹着各式各樣的菜，捲成一個個卷，放在雪白的瓷盤上。

兩個哥哥拿起捲好的春餅，把薄薄的麪皮打開一看：原來裏面包裹的正是大哥最愛吃的香葱炒肉絲和二哥最愛吃的炒紅蘿蔔絲、炒馬鈴薯和炒豆芽啊。

他們咬了一口，驚覺味道美極了。一口氣吃了好多個。吃着吃着，他們突然想起了當年老闆娘說小弟的話：「他『偷』了一件最寶貴的東西。」兩個哥哥猛地恍然大悟，原來這最寶貴的東西就是做餅的好手藝呀！

春餅的傳說

春餅主要流行於北方，又稱薄餅、荷葉餅。我國早在古代就有立春日吃春餅的風俗。唐代《四時寶鏡》中就有關於春餅的記載，可見在唐代，人們已經開始吃春餅了。

關於春餅，還有一個非常有趣的故事呢。

相傳宋朝年間，有一個書生名叫陳皓，他和妻子阿玉感情深厚，情投意合。為了科舉考試，

陳皓常常讀書入迷而忘了吃飯。阿玉心疼自己的丈夫，左思右想，終於想出了「春餅」，因為它既能當飯，又能當菜。

陳皓非常喜歡吃春餅。一次，陳皓赴京趕考時，阿玉又做了許多春餅給他當乾糧。後來，陳皓中了狀元，把妻子做的春餅送給考官品嚐。考官對美味的春餅讚不絕口。

後來，春餅慢慢流傳開來，並形成立春時家家戶戶吃春餅的風俗。

責任編輯　余雲嬌
裝幀設計　龐雅美
排　　版　龐雅美
印　　務　劉漢舉

這就是中國味道系列 4

小偷春餅店

牟艾莉 / 著
天空塔工作室　楊蕾玉 / 繪

出版 | 中華教育
香港北角英皇道 499 號北角工業大廈 1 樓 B 室
電話：(852) 2137 2338　傳真：(852) 2713 8202
電子郵件：info@chunghwabook.com.hk
網址：https://www.chunghwabook.com.hk

發行 | 香港聯合書刊物流有限公司
香港新界荃灣德士古道 220-248 號荃灣工業中心 16 樓
電話：(852) 2150 2100　傳真：(852) 2407 3062
電子郵件：info@suplogistics.com.hk

印刷 | 高科技印刷集團有限公司
香港葵涌和宜合道 109 號長榮工業大廈 6 樓

版次 | 2022 年 8 月第 1 版第 1 次印刷

規格 | 16 開 (210mm × 255mm)
ISBN | 978-988-8808-34-2